Patrick Ngogang Mfeyom

Auditoria ambiental na sociedade anónima fechada "Jsc Obolon"

Patrick Ngogang Mfeyom

Auditoria ambiental na sociedade anónima fechada "Jsc Obolon"

ScienciaScripts

Imprint
Any brand names and product names mentioned in this book are subject to trademark, brand or patent protection and are trademarks or registered trademarks of their respective holders. The use of brand names, product names, common names, trade names, product descriptions etc. even without a particular marking in this work is in no way to be construed to mean that such names may be regarded as unrestricted in respect of trademark and brand protection legislation and could thus be used by anyone.

Cover image: www.ingimage.com

This book is a translation from the original published under ISBN 978-3-330-65239-2.

Publisher:
Sciencia Scripts
is a trademark of
Dodo Books Indian Ocean Ltd. and OmniScriptum S.R.L publishing group

120 High Road, East Finchley, London, N2 9ED, United Kingdom
Str. Armeneasca 28/1, office 1, Chisinau MD-2012, Republic of Moldova, Europe
Printed at: see last page
ISBN: 978-620-8-36457-1

ÍNDICE DE CONTEÚDOS

INTRODUÇÃO

A Obolon Joint Stock Company é um importante produtor ucraniano de bebidas: cerveja, bebidas com baixo teor alcoólico (cocktails), bebidas gasosas e água mineral natural extraída localmente, bem como um importante produtor de malte. Com sede em Kiev, a Obolon JSC tem instalações em toda a Ucrânia e emprega vários milhares de pessoas. A principal fábrica da Obolon em Kiev é a maior fábrica de cerveja da Europa em termos de capacidade instalada. Em 2008, essa fábrica era o maior fabricante de cerveja da Europa em termos de volume físico. A fábrica da Obolon em Khmelnytskyi Oblast é a maior fábrica de malte da Europa em termos de capacidade instalada. No entanto, com o aumento da procura e das vendas, a produção aumentou e os impactos adversos dos resíduos e/ou poluentes da fábrica de Obolon no ambiente tornaram-se uma grande preocupação. Tradicionalmente, os esforços de gestão de resíduos têm-se concentrado principalmente em métodos de tratamento que simplesmente transferem os poluentes de um meio para outro. Percebeu-se então que, para evitar ou minimizar eficazmente os potenciais impactos ambientais adversos, os esforços deveriam concentrar-se na prevenção da produção de poluentes através da utilização de processos mais eficientes e de uma melhor gestão dos recursos (matérias-primas, água e energia), razão pela qual considerei necessário centrar a minha investigação na avaliação das emissões e dos resíduos libertados pela fábrica de cerveja "Obolon" e na forma de minimizar o impacto ambiental da fábrica de cerveja na comunidade circundante e na estação de tratamento de águas local.

História da empresa

A principal fábrica de cerveja da empresa foi construída em 1980, de acordo com projectos feitos por engenheiros checos, perto de um poço artesiano no distrito de Obolon, em Kiev. Inicialmente denominada cervejaria de Kiev, adquiriu o nome "Obolon" em 1986. Em 1992, a Obolon tornou-se a primeira empresa privatizada na Ucrânia independente e registou a sua marca corporativa Obolon. As acções da empresa foram distribuídas pelos seus empregados. Em 1993, a Obolon alterou o seu estatuto jurídico para uma sociedade anónima fechada (atualmente é uma sociedade anónima privada ao abrigo da legislação atual). Em 1997, a Obolon obteve um empréstimo de 40 milhões de dólares do Banco Europeu para a Reconstrução e o Desenvolvimento, que a empresa utilizou para expandir significativamente as suas capacidades de produção. Em 2009, a Obolon obteve um novo empréstimo de 50 milhões de dólares do Banco Europeu para a Reconstrução e o Desenvolvimento, com vista à estabilidade financeira e ao aumento da eficiência energética.

A Obolon vende cerveja sob seis marcas: Obolon, Obolon Beer Mix, Magnat, hike premium beer, Zibert e Desant. As marcas dos seus produtos não alcoólicos são as águas minerais Zhyvchyk, Prozora e Obolonska, bem como a linha de bebidas energéticas Jett. A empresa também produz bebidas com baixo teor de álcool, como o kvass. A Obolon engarrafa cerveja Bitburger sob licença. A Obolon é o maior exportador ucraniano de cerveja, sendo responsável por 80% das exportações de cerveja da Ucrânia. A empresa exportou para 33 países diferentes (a partir de 2010), sendo a maior parte das suas exportações fornecida à Rússia. Desde novembro de 2011, exporta também cerveja para a China.

A Obolon Corporation tem a sua própria fábrica de malte com capacidade para produzir 120.000 toneladas de malte por ano. A fábrica de malte utiliza equipamento da empresa alemã Schmidt-Seeger. A Obolon utiliza o malte nos seus próprios produtos e exporta-o.

Cervejarias

II.1.Recursos

Os recursos consumidos pela indústria cervejeira incluem a água, a energia e os materiais de moagem (cevada, milho e arroz), adjuntos e materiais auxiliares como o Kieselguhr, a soda cáustica e os detergentes. Os adjuntos são utilizados para reduzir os custos de produção, para ajustar o equilíbrio na composição do mosto e para produzir (se desejado) uma cerveja "mais leve" (PNUA, 1995). A produção de um hectolitro de cerveja lager normal requer cerca de 15 kg de malte e adjuntos. O teor de adjuntos não excede 30% do material de fabrico da cerveja.

O lúpulo é adicionado à cerveja para lhe dar um sabor amargo e um aroma agradável. Pode ser adicionado sob a forma de lúpulo natural ou, mais frequentemente, sob a forma de extrato ou pó de lúpulo.

O consumo de água varia geralmente entre 4-10 hl/hl de cerveja, consoante o processo de embalagem e pasteurização, a idade da fábrica e o tipo de equipamento. Além disso, a temperatura da água bruta afectará o consumo de água, uma vez que esta é frequentemente utilizada como meio de arrefecimento. Um estudo recente da Heineken determinou que a repartição do consumo de água numa fábrica de cerveja (6,5 hl/hl de cerveja) era a seguinte (UNEP, 1995): matéria-prima 1,3 hl/hl, limpeza 2,9 hl/hl, água de arrefecimento 0,7 hl/hl e outros (domésticos, perdas) 1,6 hl/hl.

No entanto, o consumo de água pode ser duas a três vezes superior ao valor acima referido, especialmente quando a temperatura da água bruta é elevada (PNUA, 1995). Repartição do consumo de água em várias áreas de duas fábricas de cerveja. O consumo de calor é influenciado pelas caraterísticas do processo e da produção, tais como o método de embalagem, a técnica de pasteurização, o tipo de equipamento, o tratamento dos subprodutos, etc.

Tabela II.1 Utilização de água em várias áreas de uma fábrica de cerveja

Área de processamento	Consumo de água (hl/hl cerveja)	
	Pöhlmann, 1980	BPCE, 1986[1]
Cervejaria	1.8 - 4.2	1.4 - 3 (1.75)
Caves, incluindo filtração	0.8 - 1.7	1.0 - 1.5 (1.15)
Embalagem, incluindo pasteurização	0.9 - 1.9	1.3 - 1.8 (1.50)
Utilidades (casa das máquinas, caldeira, refrigeração e equipamentos)	1.25 - 3.3	0.7 - 1.9 (2.25)

(1) os dados entre parênteses indicam o valor médio *Fonte*: BPCE, 1986

Numa fábrica de cerveja (sem um sistema de recuperação de calor do mosto em ebulição), o consumo de calor pode ser duas a três vezes superior ao de uma fábrica de cerveja bem gerida. O consumo de calor numa fábrica de cerveja bem gerida é de 150-200 MJ/hl.

O consumo de eletricidade, numa fábrica de cerveja bem gerida, é de cerca de 8-12 kwh/hl, dependendo das caraterísticas do processo e da produção. Algumas fábricas de cerveja consomem até o dobro devido a uma produção ineficiente e à falta de consciência energética (PNUA, 1995).

Os materiais auxiliares utilizados na produção de cerveja são os seguintes

O Kieselguhr é utilizado para filtrar cerveja a uma taxa de 100 - 300 g/hl, dependendo da claridade inicial, da contagem de células de levedura e do tipo de cerveja.

A soda cáustica é utilizada para limpeza a 0,5-1,0 kg (30% NaOH)/hl. O consumo elevado pode dever-se a uma recuperação insuficiente ou inexistente durante a limpeza do equipamento e a problemas com a máquina de lavar garrafas. Isto aumenta o pH das águas residuais. Podem ser utilizados detergentes e ácidos para a limpeza. A taxa de consumo depende dos procedimentos de limpeza.

Os materiais de embalagem incluem garrafas não retornáveis, latas, rolhas de cortiça, cartão, plástico estirável e retrátil, etc. (PNUA, 1995).

São utilizados outros materiais, incluindo cola (utilizada para etiquetas e caixas de cartão) e uma gama de aditivos, tais como enzimas, antioxidantes, estabilizadores de espuma e estabilizadores coloidais.

Figura II.1. Fluxograma da operação de uma fábrica de cerveja (fonte: ilocis.org)

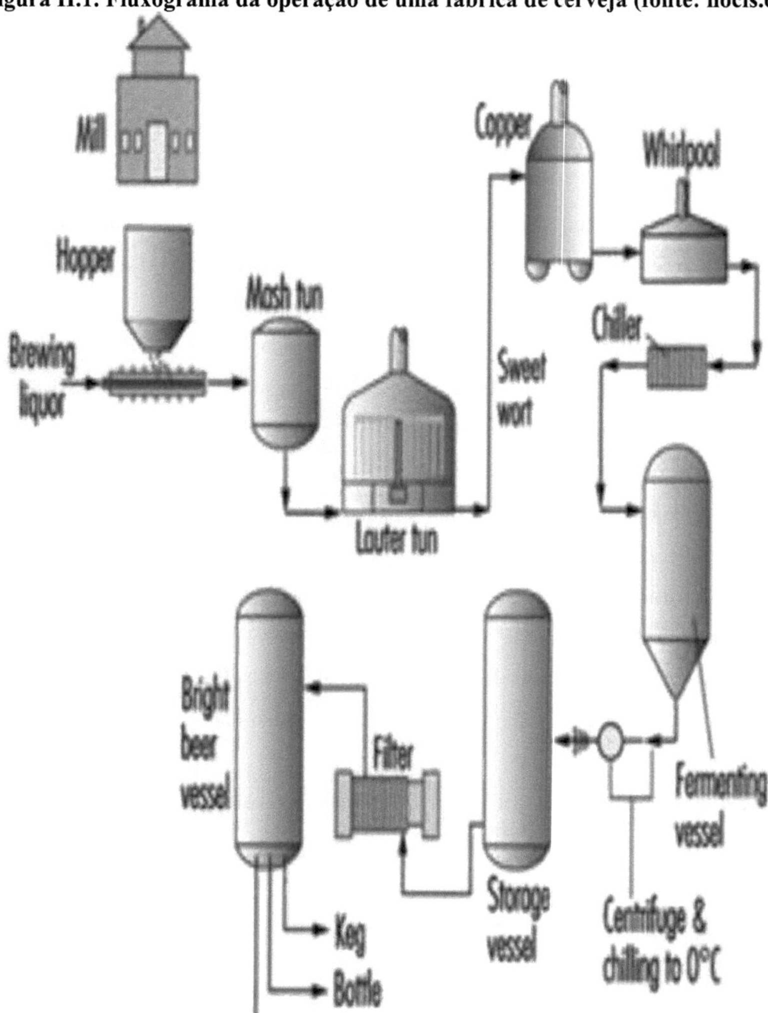

II.1.1. Descrição do processo

O processo de fabrico de cerveja envolve a maltagem do grão, a moagem e a trituração, o arrefecimento da verruga e a fermentação, a embalagem e a pasteurização (Figura 3.1). A secção seguinte inclui uma breve descrição dos vários processos de fabrico de cerveja.

Tapete

O malte é derivado de um grão de cereal, normalmente a cevada, depois de ter sido germinado durante um período limitado e depois seco. A maltagem não é normalmente efectuada nas instalações de uma fábrica de cerveja, mas faz parte integrante da indústria cervejeira (BPCE, 1986). A cevada é submetida ao processo de maltagem para a converter numa forma adequada para a produção de cerveja. Durante o processo de maltagem, são geradas enzimas, as paredes celulares do grão são quebradas e algumas proteínas são hidrolisadas.

O processo de maltagem da cevada inclui a limpeza, a seleção, a maceração, a germinação, a secagem e o polimento. A cevada é limpa de poeiras e materiais estranhos e depois selecionada de acordo com o seu tamanho, sendo os grãos mais pequenos (grau IV) vendidos para alimentação animal.

O teor de água da cevada é aumentado para cerca de 45% através da maceração em água. Durante este período, a água é mudada duas a três vezes e os grãos são arejados. Os grãos podem começar a germinar antes de passarem para as caixas de germinação.

O processo de germinação prepara o conteúdo do grão para sofrer a reação enzimática. O grão em infusão é colocado em caixas com fundo falso, feitas de chapa de aço perfurada e equipadas com um virador mecânico que vira a camada de grão de oito em oito horas. O grão é colocado nas caixas de germinação numa camada de um metro de profundidade durante 120 a 190 horas. O ar é soprado através do grão em germinação para controlar a temperatura e o teor de humidade. O grão germinado é depois seco numa estufa para parar o processo de germinação e preparar o grão para armazenamento. O teor de humidade do grão é reduzido para 4% e o sabor, o aroma e a cor são desenvolvidos. Durante o processo de secagem, pode ser introduzido dióxido de enxofre para branquear os grãos e baixar o pH do malte. O malte seco é então polido (através da remoção das radículas que brotaram durante a germinação) e armazenado em silos durante um mínimo de quatro semanas antes de ser utilizado. As radículas removidas são vendidas como alimento para animais.

Moagem e trituração

A cevada maltada é moída (a seco ou a húmido) num moinho de malte, de modo a que a casca fique intacta, enquanto o resto se transforma num pó muito grosseiro, rico em amido e enzimas. As enzimas degradam rapidamente o amido em açúcar em contacto com a água. O produto, chamado mosto doce, é uma mistura de amido parcialmente degradado, açúcares, enzimas, proteínas e água (BPCE, 1986).

O mosto é separado dos grãos usados por filtração através de um filtro poroso na cuba de clarificação, onde os grãos são pulverizados ou "espargidos" com água, a fim de extrair a quantidade máxima de material útil. As lavagens são monitorizadas quanto ao teor de sacarose e quando atingem 1 na escala de Plato, a aspersão é interrompida (BPCE, 1986).

Os grãos usados são recolhidos para serem eliminados fora do local, geralmente como alimento para animais, e os últimos resíduos do túnel de lauterização são normalmente descarregados para o esgoto. Alguns grãos usados podem ser introduzidos no efluente final. A temperatura do mosto durante a filtração é de cerca de 75 - 78° C.

Os grãos usados, o lúpulo usado e o trub representam uma fonte valiosa de proteínas para a alimentação animal. O grão usado rende tipicamente 125-130 kg húmidos por cada 100 kg de malte e a sua composição é de 28% de proteínas, 8% de gordura e 41% de substâncias sem azoto (BPCE, 1986).

Nesta fase, são adicionados lúpulo ou extractos de lúpulo, açúcares ou xaropes e coagulantes (de proteínas ou taninos). O mosto doce é normalmente fervido durante cerca de 1,5 horas para inativar as enzimas; esterilizar e concentrar o mosto; e precipitar o material proteico (trub quente). O lúpulo proporciona o sabor amargo e coagula as proteínas coloidais. O mosto é então clarificado num hidrociclone para remover o trub quente e outros materiais insolúveis.

Arrefecimento do mosto e fermentação

A fim de preparar a fermentação, o mosto lupulado é arrefecido até cerca de 10° C. A precipitação adicional de proteínas e taninos (conhecida como trub frio ou quebra fina) ocorre durante o arrefecimento e o arejamento em preparação para a fermentação, que pode continuar de 2 a 16 dias.

A levedura é adicionada ao recipiente de fermentação para induzir a fermentação do mosto de açúcar que é convertido em CO2, álcool, calor e novas células de levedura. Quando o processo de fermentação está concluído, a levedura é retirada e utilizada para um novo lote de mosto, sendo o excesso eliminado como subproduto. A levedura excedente pode ser revendida como alimento para animais. Numa base de sólidos secos, a levedura contém 50-60% de proteínas, 15-35% de hidratos de carbono e 212% de gordura, o que a torna uma outra fonte valiosa de proteínas para a alimentação animal (BPCE, 1986).

Após a fermentação primária, a cerveja produzida (cerveja verde) é transferida para recipientes de armazenamento ou de maturação durante um determinado período de tempo antes da filtração. Durante o armazenamento, o excesso de levedura e outros sólidos em suspensão precipitam, a cerveja amadurece, estabiliza e fica saturada de CO_2. A levedura precipitada (conhecida como fundos de tanque) é removida por decantação. Após a maturação, são adicionados finos (colagénios de peixe) para promover a floculação de qualquer levedura ou proteínas remanescentes e a mistura é filtrada através de uma unidade de filtração revestida com lama filtrante de Kieselguhr e/ou lucilite. O resultado é uma cerveja límpida ou "brilhante" e uma lama de filtração gasta que é altamente poluente e um problema particular para os municípios porque se deposita muito facilmente e tende a bloquear esgotos e tubagens (BPCE,1986).

Se for praticado um fabrico de cerveja de alta gravidade, é habitual misturar com água desarejada esterilizada até à gravidade normal após a fermentação. Outras adições nesta fase incluem estabilizadores para promover uma vida útil mais longa e melhoradores de espuma para manter a espuma branca e estável quando a cerveja é vertida (BPCE, 1986).

Antes da filtração, a cerveja pode ser centrifugada e arrefecida até -1° C a -1,5° C para precipitar os sólidos em suspensão. A cerveja é então filtrada num filtro de Kieselguhr (terra de diatomáceas) seguido de um pano de filtro.

Após a filtração, podem ser adicionados agentes estabilizadores, corantes e primários (açúcar). A concentração de CO_2 na cerveja é então ajustada e a cerveja é transferida para a cuba de cerveja clara para ser embalada.

Embalagem e Pasteurização

A cerveja clara é armazenada e depois enchida em garrafas ou latas. Durante o processo de enchimento, é derramado um pequeno volume de cerveja (cerveja gota a gota). O engarrafamento é geralmente precedido de uma lavagem das garrafas para remover quaisquer resíduos de bolor da cerveja, pontas de cigarro, rótulos e partículas de pó. A lavagem e a pasteurização das garrafas requerem grandes volumes de água. As garrafas são transportadas num tapete rolante do lavador de garrafas para a máquina de enchimento para serem enchidas e tapadas. Durante o enchimento, o oxigénio deve ser impedido de entrar em contacto com a cerveja.

Os efluentes destas fases são geralmente de grande volume e de baixa resistência devido à diluição. Os principais poluentes são a cerveja pingada das máquinas de enchimento, a cerveja proveniente de roturas no pasteurizador e os resíduos de cerveja nas garrafas devolvidas (BPCE, 1986).

A cerveja é esterilizada por pasteurização em túnel após o engarrafamento ou por pasteurização rápida antes do engarrafamento. As garrafas são depois rotuladas e embaladas em grades, caixas de cartão ou outras formas de embalagem para transporte.

11.2. Resíduos de materiais

Os resíduos de cervejaria gerados incluem (Ontario MOE, 1986):

1. Resíduos de tratamento de água, soluções cáusticas de ebulição utilizadas para limpeza na sala de fabrico de cerveja e soluções de imersão e enxaguamentos cáusticos na área de engarrafamento.
2. Carga orgânica, grãos e lúpulo usados, bolos de filtração na forma seca e perdas acidentais resultantes de erros operacionais e fugas de equipamento.

II.2.1. Resíduos sólidos

A Tabela 3.2 mostra os resíduos sólidos gerados numa fábrica de cerveja com uma capacidade de 170.000 hl/mês (BPCE, 1986).

Quadro II.2
Resíduos sólidos gerados numa fábrica de cerveja

Resíduos sólidos	Taxa de produção
Grãos gastos (80% de humidade m/m[1])	20 t/100 m^3 brewed
Levedura excedentária (90% de humidade m/m)	3 m^3 /100 m^3 fabricado
Kieselguhr (70% de humidade m/m)	0,6 m^3 /100 m^3 embalado
Cinzas	1,7 t/100 m^3 embalado
Pó de malte e de milho	250 kg/100 m^3 brewed
Geral (incluindo cartão, plástico, vidro e pneus)	180 t/mês

(1) m/m: Massa por massaFonte : BPCE,1986

Os resíduos sólidos consistem principalmente em materiais orgânicos residuais do processo, incluindo grãos e lúpulo usados, trub, lamas, excedentes de levedura, lamas de rotulagem, Kieselguhr, carvão em pó e vidro partido (SEPA, 1991).

Grãos usados

A quantidade de grãos usados é normalmente de 14 kg/hl de mosto com um teor de água de 80%. Numa sala de brassagem bem concebida e que funcione eficientemente, a diferença entre o rendimento real do extrato e o rendimento laboratorial deve ser inferior a 1% (UNEP, 1995).

Levedura

O excesso de levedura é produzido durante a fermentação e apenas uma parte pode ser reutilizada. A quantidade de lama de levedura gasta é de 2-4 kg (10-15% de teor de matéria seca) por hl de cerveja produzida. O valor de CBO é de cerca de 120.000-140.000 mg/L (UNEP, 1995).

Trub

O Trub é um chorume constituído por mosto arrastado, partículas de lúpulo e proteínas coloidais instáveis coaguladas durante a ebulição do mosto.

É separado antes do arrefecimento do mosto e representa 0,2-0,4% do volume do mosto com um teor de matéria seca de 15-20%. O seu teor de mosto e extrato depende da eficiência com que o mosto e o trub são separados. O valor de CBO do trub é de cerca de 110.000 mg/kg de trub húmido. A suspensão de trub é adicionada aos grãos usados ou enviada diretamente para os esgotos (UNEP, 1995). Outros resíduos sólidos de uma fábrica de cerveja são: cacos de vidro da área de embalagem; Kieselguhr do processo de filtração; polpa de papel da máquina de lavar garrafas; papel, plástico e metal do material auxiliar recebido (especialmente materiais de embalagem); e óleo e gordura usados (Lenhardt, 1995).

II.2.1.2. Resíduos líquidos

O processo de fabrico da cerveja requer uma quantidade significativa de água e produz águas residuais com uma elevada carência bioquímica de oxigénio e um elevado teor de sólidos em suspensão. As águas residuais geradas pelo fabrico de cerveja ascendem a 65-70% do volume de água captada.

O efluente contém: maltose, dextrose, mosto, trub, grãos usados, leveduras, lamas de filtração (Kieselguhr e lucilite), cerveja verde e cerveja clara. Este efluente terá uma carga poluente orgânica elevada e uma carga poluente sólida relativamente elevada (BPCE, 1986).

Erva fraca

O mosto fraco representa 2-6% do volume do mosto. Este facto aumenta significativamente a CBO das águas residuais.

Água de enxaguamento

A água de enxaguamento, que pode conter produtos ou matérias-primas, representa 45% da utilização total de água numa fábrica de cerveja (UNEP, 1995).

Cerveja residual

A cerveja residual é a cerveja perdida durante as várias fases de produção, que incluem quantidade residual de cerveja após o esvaziamento dos tanques de processo (a quantidade de resíduos depende da eficiência com que os tanques são esvaziados); pré-corridas e pós-corridas no filtro Kieselguhr resultam numa mistura de cerveja e água, que é descarregada no esgoto; usando água para limpar as tubagens de processo, a cerveja é empurrada para fora com água, resultando numa mistura de água e cerveja; cerveja rejeitada na área de embalagem devido a altura de enchimento incorrecta, defeitos de qualidade ou colocação incorrecta dos rótulos; cerveja devolvida; garrafas que explodem devido a má qualidade, inspeção deficiente das garrafas ou falta de controlo da temperatura no pasteurizador de túnel; e utilização de adições sólidas para maturar a cerveja, o que resulta na perda de cerveja e de levedura.

A cerveja residual corresponde a 1-5% da produção total. A maior parte pode ser recolhida e reutilizada no processo de fabrico da cerveja. Qualquer quantidade não recolhida é descarregada como efluente (UNEP, 1995).

A quantidade de águas residuais depende da quantidade de água utilizada. Uma parte dos resíduos utilizados não é descarregada nas águas residuais, incluindo: a água da cerveja, a água evaporada e a água contida nos grãos usados, na levedura e no Kieselguhr. Isto equivale a cerca de 1,5 hl/hl de cerveja (UNEP, 1995).

Os resíduos da fábrica de cerveja são extremamente variáveis devido à variação da atividade de produção por estação, por dia da semana e por hora do dia. Com exceção da máquina de engarrafamento, todos os processos são operações descontínuas, resultando em descargas descontínuas de resíduos. Numa pequena operação, pode passar pela sala de fabrico de cerveja um lote por dia. A fermentação pode durar vários dias e o envelhecimento pode durar várias semanas, pelo que nenhuma ou várias unidades podem ser esvaziadas e limpas num determinado dia. Além disso, existe uma variação semanal. Na segunda-feira, tudo na fábrica de cerveja está limpo e pronto a funcionar. À sexta-feira, o dia normal de paragem, as acumulações e o arrastamento das operações de lavagem aumentam as cargas diárias. Estas variações duplicam as cargas diárias de resíduos no final da semana (Ontario MOE, 1986).

PREOCUPAÇÕES AMBIENTAIS

Os principais impactos ambientais que podem ser atribuídos à produção de cerveja resultam do ruído, das emissões para a atmosfera, das descargas de águas residuais e de um sistema ineficiente de tratamento de resíduos (SEPA, 1991). Os potenciais problemas ambientais adversos que podem estar associados ao funcionamento destas instalações incluem:

Poluição das águas superficiais

A descarga descontrolada de águas residuais não tratadas pode levar ao esgotamento do oxigénio dissolvido nas águas superficiais e à produção de odores nocivos. Além disso, as águas residuais podem conter nutrientes que estimulam o crescimento de plantas aquáticas e contribuem para a eutrofização.

Poluição das águas subterrâneas

A contaminação causada por fugas nos tanques de armazenamento de combustíveis e produtos químicos e pelo manuseamento de combustíveis e produtos químicos nas imediações da instalação pode resultar na poluição das águas subterrâneas locais.

Saúde e segurança no trabalho

Os principais problemas de saúde no trabalho tendem a estar relacionados com a exposição a ruído excessivo e o contacto com substâncias ou materiais potencialmente perigosos (como o amoníaco e o ácido cáustico) (PNUA, 1995).

O objetivo desta secção é destacar algumas áreas potenciais de preocupação ambiental que podem ser encontradas numa fábrica de cerveja no que diz respeito ao potencial de poluição e ao consumo de água, matérias-primas, energia e calor.

111.1. Descargas de contaminantes

Os principais poluentes gerados no processo da fábrica de cerveja e da adega incluem descargas de águas residuais, emissões atmosféricas e resíduos sólidos. A Tabela 4.1 mostra as fontes potenciais de contaminantes numa operação de fabrico de cerveja.

Os impactos ambientais adversos resultantes de várias descargas de contaminantes são apresentados no quadro III.1.

Tabela III.1 Preocupações ambientais adversas potenciais associadas a várias fases de fabrico de cerveja.

Estágio	Preocupação ambiental/saúde
Cervejaria	elevada descarga de matéria orgânica elevado consumo de energia elevado consumo de água problemas de poeira resíduos cáusticos da limpeza de sistemas
Fermentação/Processamento de cerveja	elevada descarga de matéria orgânica elevado consumo de água tratamento de resíduos sólidos resíduos cáusticos das operações de limpeza
Embalagem	elevada descarga de matéria orgânica elevado consumo de energia elevado consumo de água manuseamento de resíduos sólidos elevado nível de ruído resíduos cáusticos da limpeza
Operações auxiliares	elevado consumo de água elevado consumo de energia manuseamento de resíduos sólidos manuseamento de produtos químicos elevado nível de ruído produção de resíduos especiais amoníaco

Fonte: PNUA, 1995

Quadro III.2. Descargas de contaminantes das operações da fábrica de cerveja

Poluente	Descrição/Preocupação
Carência bioquímica de oxigénio (CBO)	mede o esgotamento do oxigénio dissolvido devido à biodegradação de compostos orgânicos provoca a asfixia dos organismos aquáticos
Carência química de oxigénio (CQO)	semelhante à CBO, mas tem em conta os compostos orgânicos mais estáveis melhor indicação dos impactos a longo prazo do que CBO
Sólidos suspensos	sufocar a vida aquática criar condições anaeróbicas pode danificar equipamentos e sistemas de tratamento
PH	pH alto/baixo prejudica a vida aquática
Azoto (incluindo nitratos e amoníaco)	o nitrato é a forma oxidada do azoto o amoníaco é tóxico para os peixes estimula o crescimento das plantas e causa problemas de infestantes aquáticas eutrofização causa poluição das águas subterrâneas
Fósforo (fosfato)	estimula o crescimento de plantas aquáticas causa eutrofização causa poluição das águas subterrâneas
Temperatura	as flutuações de temperatura podem ter um impacto negativo na vida aquática
Compostos orgânicos voláteis (COV)	formam oxidantes fotoquímicos que são tóxicos para os seres humanos e danificam as culturas causam chuvas ácidas e aquecimento global
Cloroflurocarbonetos (CFC)	destruição da camada de ozono
Gases com efeito de estufa (CO_2 , CH_4 , NOx, SO)$_2$	aquecimento global
Odor	um incómodo
Ruído	saúde e segurança dos trabalhadores perturbações ambientais
Poeira	poluição atmosférica localizada ou regional

Fonte: Masters, 1991; SEPA, 1991; Passant et al., 1993; PNUA, 1995

111.1.1. Descargas de águas residuais

As águas residuais das fábricas de cerveja são caracterizadas por concentrações elevadas de CBO e de sólidos suspensos totais (SST) com grandes variações no caudal de águas residuais e na concentração de contaminantes. Os potenciais impactos ambientais adversos associados a estas descargas são uma consideração importante na preparação de um plano de prevenção da poluição. As principais caraterísticas de preocupação ambiental que podem estar associadas às águas residuais das fábricas de cerveja e das adegas incluem

Concentrações de CBO;

Concentrações de SST;

PH;

Concentrações de azoto e de fósforo;

E a temperatura.

111.1.1.1 Cervejarias

A concentração de substâncias orgânicas nas descargas de águas residuais das fábricas de cerveja depende principalmente do rácio água residual/cerveja e da quantidade de substâncias orgânicas que acabam por ser descarregadas no fluxo de águas residuais. Por exemplo, se o trub e o lúpulo usado forem descarregados no fluxo de águas residuais, podem contribuir com até 20% da carga orgânica total diária (BPCE, 1986).

Em geral, as operações de fabrico de cerveja (incluindo a fermentação, a filtração e o envelhecimento) produzem resíduos de baixo caudal, pH neutro e elevada resistência, enquanto as instalações de elevado caudal geram águas residuais com um pH elevado e baixa resistência (Cronin, 1996).

A produção de cerveja sem álcool pode também aumentar ainda mais o teor das águas residuais da indústria cervejeira com a adição de álcool condensado ao fluxo de resíduos (PNUA, 1995). A BPCE, 1986, apresentou uma repartição das águas residuais geradas numa fábrica de cerveja (Quadro III.1.1.1). As águas residuais produzidas durante o processo de maltagem, que são principalmente o excesso de água de maceração e de limpeza, têm uma CQO de 800-1.200 mg/L. Aproximadamente 0,5-1,5% (em peso) da cevada acaba nas águas residuais como matéria orgânica (por exemplo, pentose, sacarose, glucose, celulose, proteínas e minerais) e (sais inorgânicos incluindo silicato de potássio e cálcio, sulfato e fosfato) (Huang e Hung, 1987; de Vegt et al., 1992).

O tratamento da água pode também representar uma fonte de descargas de águas residuais. Quando a unidade de permuta iónica é regenerada, são utilizados materiais ácidos e cáusticos fortes que acabam por se transformar em resíduos com pH entre 2 e 12. A menos que estes resíduos sejam recolhidos e neutralizados, as águas residuais podem afetar negativamente o funcionamento da estação de tratamento de águas residuais, resultando em degradação ambiental. O efluente de uma fábrica de cerveja é gerado a partir da caldeira de fermentação, do fermentador, do armazenamento e de várias operações de limpeza, e pode conter resíduos como trub, grãos usados, Kieselguhr e levedura. Como resultado, as águas residuais destes processos têm uma elevada COD (3.000-5.000 mg/L), temperatura elevada (3035 C), TSS elevado e pH elevado (Ontario MOE, 1986; Huang e Hung, 1987; de Vegt et al., 1992; UNEP, 1995). Outra fonte importante de poluentes das águas residuais numa fábrica de cerveja é o enxaguamento e a limpeza do equipamento, o engarrafamento e a lavagem das garrafas. Por exemplo, a perda de produto residual durante o acondicionamento pode representar uma parte significativa da carga de CBO de uma fábrica de cerveja, especialmente quando o equipamento antigo ainda está a ser utilizado. Além disso, a lavagem de garrafas produz águas residuais com uma CQO moderada (2.000-3.000 mg/L) e temperatura (25-30 C), e um pH elevado em resultado da limpeza alcalina das garrafas retornáveis (SEPA, 1991; de Vegt et al., 1992; UNEP, 1995).

Tabela III.1.1.1 Fontes de efluentes com elevado teor orgânico num processo de fabrico de cerveja

Fonte Efluente	kg CQO/hl Cerveja
Trub do recipiente de mosto quente	0.32
Últimos resultados - Transferência FV/SV	0.27
Tonelada de Lauter de última passagem	0.25
Limpeza dos recipientes de fermentação	0.14
Lama de filtração gasta	0.14

FV - Vaso de Fermentação

Fonte: BPCE, 1986

SV-

Navio de armazenagem

A limpeza do equipamento e das embalagens produz tanto águas residuais ácidas como básicas e grandes variações no pH das águas residuais. Em geral, o pH global do efluente será uma função das actividades de produção e pode variar entre pH 7-12 (SEPA, 1991; Cronin, 1996).

Para além dos compostos orgânicos, as águas residuais das fábricas de cerveja contêm azoto e fósforo, o que pode resultar em impactos ambientais adversos devido à toxicidade aquática, à eutrofização e à poluição das águas subterrâneas. O azoto provém principalmente do malte, dos adjuntos e do ácido nítrico utilizado na limpeza. A concentração de azoto nas descargas depende da proporção de água, da quantidade de levedura descarregada e dos agentes de limpeza utilizados. Em alguns casos, uma concentração elevada de azoto não é preocupante devido à falta de quantidades suficientes de azoto para o tratamento aeróbio (SEPA, 1991; de Vegt et al., 1992; UNEP, 1995).

O fósforo, que provém do processo de maltagem e dos agentes de limpeza, encontra-se normalmente em concentrações que variam entre 30-100 g/m^3 , dependendo do rácio de água e dos agentes de limpeza utilizados (PNUA, 1995).

111.1.2. Emissões para a atmosfera

As principais emissões para a atmosfera provenientes do fabrico de cerveja e vinho podem incluir COV, gases com efeito de estufa, odores, ruídos e poeiras.

Quadro III.1.2. Análise das borras e da vinhaça

Parâmetros	**Lees**	**Esterilização convencional**	**Lees Alambique**	**Esterilização de bagaço**
Sólidos totais (mg/L)	186,000	20,100	68,000	13,180-32,100
Sólidos voláteis (%)	94.8	87.4	86.5	77.0-89.4
Sólidos em suspensão (m/L)	152,000	3,120	59,000	18,700
CBO (mg/L)	163,000	11,000	20,000	2,400
Ácidos voláteis (mg/L)	7,800	1,900	2,480	380
Acidez total (mg/L como CaCO)3		3,170	9,860	1,220
pH	40	4.7	3.8	6.8-3.7
N total (mg/L)	9,950	271	1,532	330
NH3 (mg/L)	56	2.8	45.1	4
P total (mg/L)	1,300	11,150	4,284	1,310

Fonte: Tofflemire, 1972

Quadro III.1.2. Análise das borras e da vinhaça

Parâmetros	**Lees**	**Esterilização convencional**	**Lees Alambique**	**Esterilização de bagaço**
Sólidos totais (mg/L)	186,000	20,100	68,000	13,180-32,100
Sólidos voláteis (%)	94.8	87.4	86.5	77.0-89.4
Sólidos em suspensão (m/L)	152,000	3,120	59,000	18,700
CBO (mg/L)	163,000	11,000	20,000	2,400
Ácidos voláteis (mg/L)	7,800	1,900	2,480	380
Acidez total (mg/L como CaCO)3		3,170	9,860	1,220
pH	40	4.7	3.8	6.8-3.7
N total (mg/L)	9,950	271	1,532	330
NH3 (mg/L)	56	2.8	45.1	4
P total (mg/L)	1,300	11,150	4,284	1,310

Fonte: Tofflemire, 1972

Num estudo recente, a Agência de Proteção Ambiental dos EUA (USEPA) e o Conselho de Recursos Atmosféricos da Califórnia concluíram que as fábricas de cerveja eram apenas fontes menores de emissões de compostos orgânicos voláteis (COV) para a atmosfera.

No processo de fabrico da cerveja podem também ser produzidos vários gases com efeito de estufa, incluindo:

Dióxido de carbono (um subproduto da fermentação);

Óxido nitroso (um subproduto do motor de combustão interna); e dióxido de enxofre (se utilizado durante a secagem).

Nas fábricas de cerveja, são gerados cerca de 16 kg de CO2 nas caldeiras que queimam combustíveis fósseis por cada hectolitro de cerveja produzido. Este valor é muito superior à quantidade gerada durante a fermentação, que é de aproximadamente 3 kg/hl de cerveja produzida (UNEP, 1995).

Embora os odores das fábricas de cerveja sejam considerados inofensivos, representam um incómodo ambiental e devem ser evitados sempre que possível. Nas fábricas de cerveja, por exemplo, pode sentir-se um odor nas proximidades das fábricas de malte, especialmente durante a secagem da cevada germinada. Para além disso, os odores podem também ser causados por emissões do processo de fermentação, vapor e emissões de chaminés da brassagem e da ebulição do mosto (SEPA, 1991; UNEP, 1995).

O ruído pode representar uma preocupação ambiental para as fábricas de cerveja. Por exemplo, a exposição a níveis de ruído superiores a 85 dBa durante um longo período de tempo pode resultar em surdez e, em muitos casos, este nível pode ser excedido, especialmente quando é utilizado equipamento antigo. As principais fontes de ruído nas fábricas de cerveja e nas adegas são as ventoinhas, os compressores, as torres de arrefecimento e as unidades de refrigeração. (SEPA, 1991; UNEP, 1995).

A poeira, que pode resultar do manuseamento de grãos durante a limpeza, o carregamento e a maltagem, é outro tipo de emissão para a atmosfera que representa uma preocupação ambiental, uma vez que pode resultar em problemas localizados ou regionais de qualidade do ar (PNUA, 1995).

111.1.3. Eliminação de resíduos sólidos

As principais áreas de produção de resíduos sólidos numa fábrica de cerveja e adega são:

Maltagem (partículas e radículas); tombamento (engaços e partículas de uva); separação do mosto (grãos usados);

Filtração (filtrado, por exemplo, Kieselguhr, levedura e bagaço); a área de embalagem (vidro, papel, cartão, plástico e metal); Lavador de garrafas (pasta de papel); e/ou, Operações auxiliares (papel, cartão, óleos e gorduras, tintas e diluentes, etc.).

111.2. Consumo de água

São consumidas grandes quantidades de água na produção de cerveja e vinho. A maior parte da água utilizada (65% - 70%) é descarregada como água residual depois de ter sido utilizada em vários processos, tais como (BPCE, 1986; Lenhardt, 1995; UNEP, 1995):

Arrefecimento;

Limpeza do material de embalagem (por exemplo, lavagem de garrafas);

Pasteurização;

Enxaguamento e limpeza do equipamento de processamento;

Preparação, brassagem, aspersão, etc. (normalmente, são utilizados 5 m^3 de água para produzir uma tonelada de cevada maltada);

Limpeza de pavimentos e equipamentos;

Lubrificante com sabão nos tapetes rolantes da zona de embalagem;

Bomba de vácuo para enchimento;

E, descarga de enchimento.

Num estudo sobre a gestão da água e das águas residuais nas fábricas de cerveja da África do Sul, a Binnie & Partners Consulting Engineers (BPCE, 1986) referiu que 3
a captação específica de água (SWI) no processo de fabrico de cerveja variou entre 5,5-8,8 m de água por m^3 de cerveja produzida, com um valor típico de 6,65 m /m^{33} . É apresentada uma repartição adicional da utilização nas principais áreas consumidoras de água (Quadro III.1).

O estado ecológico da planta "Obolon

A proteção ambiental da fábrica é efectuada em conformidade com a lei de 25 de junho de 1991 e com a lei "On Air Protection" de 1992 e 1995.

O "Obolon" está localizado na zona industrial da região de Minsk. Tem uma área de 16,4 ha e uma altura de areia aluvial de 4,3 m. A zona de proteção sanitária é de 100 m. Nos últimos dois anos, a zona verde diminuiu de 28% para 20%. O serviço ambiental na fábrica está dividido em três partes, que estão sujeitas ao ecologista principal:

1. O projeto de desenvolvimento sobre a limitação das emissões e a monitorização (supervisão) é desenvolvido e executado pelo ecologista-chefe.
2. A gestão da água é efectuada pelo responsável do laboratório e da produção de energia.
3. A análise das águas residuais é confiada a um dos laboratórios.

A necessidade de um tal sistema de serviços ambientais baseia-se numa quantidade significativa de trabalho, devido ao grande volume de produção. Para as pequenas empresas que não necessitam de uma operação de retalho.

IV.1. Emissões de poluentes para a atmosfera

As emissões e os resíduos sólidos são regulamentados pelo Departamento de Estado para a Proteção do Ambiente.

A maior fonte de emissões é a poeira de grãos com lojas, elevador, malte, cervejaria. Estação de compressão frigorífica e caldeira.

As poeiras dos grãos são purificadas por 48 sistemas de aspiração de conceção que dispõem de ciclones 4BTSSH com um fator de purificação de 96%.

A dissolução do ar húmido é convertida em amoníaco, que não é tóxico.

Quadro IV.1.Limites das emissões de poluentes atmosféricos provenientes de fontes fixas de poluição da fábrica "Obolon

№ p/p	contaminantes	Número, t / ano
1	Óxido de ferro (em termos de ferro)	0,000166
2	Manganês e seus compostos (calculados como dióxido de manganês)	0,00082
3	hidróxido de sódio	0.055800
4	dióxido de azoto	0.00900
5	amoníaco	6.000000
6	Ácido sulfúrico (molécula de H 2 sobre SO4)	0,071
7	Dióxido de enxofre	0,022
8	monóxido de carbono	0.547100
9	Acetato de etilo	0,0129
10	Madeira empoeirada	0,04100
11	Grão de poeira	10,56500
	Total	17,3247

Quadro IV.1.1. Dinâmica das emissões específicas para o ano 2013- 2014 Toneladas / miln.hl da fábrica "Obolon"

Anos	Emissões, toneladas	A produção, em milhões.	Emissões específicas, toneladas / milhões. produtos gl.
2013	8,99	1,2484	7,200
2014	5,961	1,2463	4,780
Redução em:			2,42

Fig IV.1.1. Dinâmica das emissões específicas para o ano 2013- 2014 Toneladas / miln.hl da fábrica "Obolon"

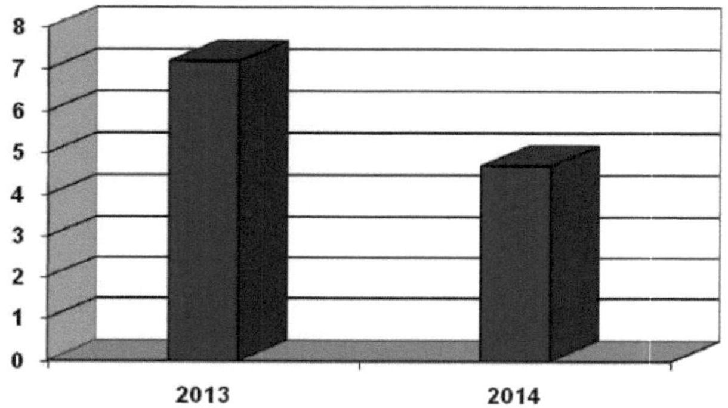

Em 2014, os indicadores específicos de emissões do elevador mostram que as emissões da produção de cerveja, refrigerantes, água mineral e grãos secos de malte diminuíram para 0,17 t/m. gl produto. A principal redução destas emissões para o ambiente resulta da redução da temperatura da caldeira e da redução de energia no elevador de extração.

IV.2. Escoamento gerado durante a produção de cerveja na fábrica "Obolon

Os efluentes de bebidas e industriais são descarregados no sistema de esgotos municipal. As águas residuais alcalinas após a lavagem e o acondicionamento do equipamento são enviadas para a estação de neutralização, depois de o pH ter atingido 6,5-8,5. Os resultados laboratoriais relativos ao pH, sulfato de resíduo seco, cloreto e outros parâmetros são registados num diário especial e depois deixados cair no coletor de esgotos urbanos. As águas residuais industriais e potáveis são igualmente objeto de um controlo laboratorial do pH, do resíduo seco, dos sulfatos, dos cloretos e do óleo.

Para limpar o dilúvio das estações de tratamento de água, são estruturas de três câmaras em que cada célula na parede inferior instalou uma malha para remover grandes impurezas (pedras, trapos, papel, etc.). Como a rede de limpeza da poluição.

A fábrica possui 8 poços profundos que fornecem água para a produção. Todos os poços possuem área sanitária, vedada de acordo com as exigências de saneamento.

A qualidade da água destinada à produção de cerveja é controlada pelo laboratório da fábrica, de acordo com a norma GOST 2874-82. A água é testada para:

- PH - 6.9;
- Ferro - 0,3 mg / dm3;
- Manganês - 0,1 mg / dm3;
- Cobre - 1 mg / dm3;
- Resíduo seco - 100 mg / dm3;
- Cloreto - 350 mg / dm3;
- Sulfatos - 500 mg / dm3;
- Zinco -5 mg / dm3;
- Polifosfatos - 3,5 mg / dm3.

O consumo de água da fábrica "Obolon" é abastecido a partir de águas subterrâneas utilizando 8 poços artesianos existentes. A descarga máxima diária é de 3582 m3 de águas residuais

As águas residuais da fábrica incluem também as águas de lavagem das instalações e do equipamento. Estas são descarregadas primeiro no coletor e depois no esgoto da cidade.

Indicadores de descargas de águas residuais:

- Valor de PH - 6,5-8,5
- CBO - 500 mg / dm3;
- Resíduo seco -10000 mg / dm3;
- Sólidos em suspensão - 310 mg / dm3;
- Óleo - 0,15 mg / dm3.

Por exceder o limite de emissões, descargas, resíduos, a multa é paga de acordo com a taxa tarifária das resoluções do Gabinete do Departamento Estatal de Proteção Ambiental.

A construção de novos edifícios ou a reconstrução de lojas, a substituição de equipamento (projectos) são compatíveis com o departamento de análise ambiental do Departamento de Proteção Ambiental do Estado.

IV.3. Resíduos produzidos na fábrica "Obolon" e sua utilização.

As principais fontes de resíduos gerados são: pellets de malte, rebentos, resíduos de grãos, resíduos do polimento do malte, vidro, pó de grãos dos ciclones.

Os granulados de malte são formados durante a brassagem e o congestionamento da filtração. No ano de 2013, a empresa produziu aproximadamente 395 toneladas de malte em pellets/mln.dal de cerveja e 399,8 toneladas de malte em pellets/mln.dal de cerveja para o ano de 2014, o que representa um aumento de 4,77 toneladas/mln.dal de cerveja. A fábrica vende pellets de malte a explorações agrícolas colectivas. A quantidade de resíduos de cereais é de aproximadamente 14t / ano. Trata-se principalmente de resíduos gerados durante a limpeza e triagem do elevador de grãos ou pela imersão de cevada e resíduos de malte no polimento.

O vidro, que é formado para lavar garrafas e verter cerveja, é enviado para as fábricas de vidro. Quantidade de casco -32t / ano.

Em Kiev. De acordo com a lei da Ucrânia "Sobre a proteção do ambiente" de 25.06.91. Artigo 65º, o armazenamento, a armazenagem ou a eliminação de resíduos são permitidos nas instalações, de acordo com os limites estabelecidos, ou em caso de incapacidade temporária de utilização de tecnologia na cidade.

Quadro IV.3. Termos específicos da produção de pellets de malte seco toneladas/miln.dal de cerveja 2013-2014

anos	Aplicação de grãos secos, toneladas	Produção de cerveja, milhões de dal	Termos específicos da produção de pellets de malte seco libertados para a cerveja t / mln.dal cerveja
2013	25958,0	65,715	395,0
2014	24291,7	60,763	399,8
Aumentar em:			4,77 toneladas / mln.dal cerveja

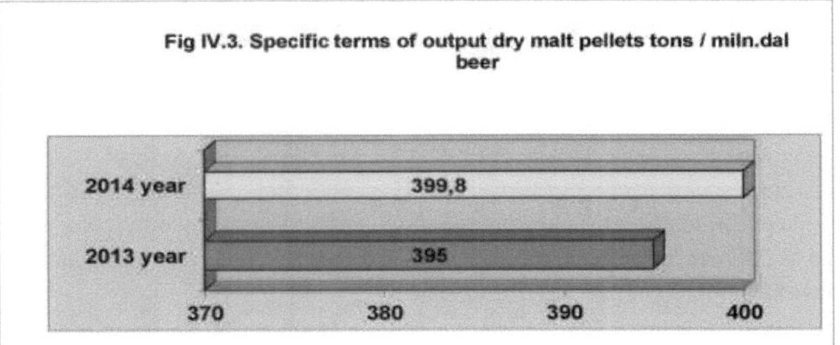

Este resultado deve-se ao facto de ter sido muito relevante para o ano transato a política de redução da produção de resíduos e de se terem realizado pellets de malte seco como subprodutos da empresa.

IV.3.1.Distribuição dos resíduos em função do tipo de tratamento

Para o ano de 2014

A distribuição dos resíduos, em função do tipo de tratamento, é a seguinte

- Transformação própria (pellets de malte húmido e levedura), utilização de materiais reciclados como matérias-primas secundárias na produção interna (resíduos de garrafas PET), implementação de resíduos orgânicos para alimentação de animais (resíduos de milho) - 120.867,37 toneladas - 95,8%
- Deposição de resíduos em aterro (resíduos domésticos e de construção, resíduos de etiquetas húmidas, resíduos de kieselguhr) - 3338,23 toneladas - 2,64%
- Queima (trapos oleados que envolvem os materiais de filtragem) - 5,07 toneladas - 0,014%
- Outras utilizações (lamas de estações de tratamento de águas residuais) - 0,53 toneladas - 0,0004%
- Transferência de resíduos para reciclagem como matérias-primas secundárias (resíduos de papel, resíduos de pneus, lâmpadas fluorescentes, vidro, metais ferrosos e não ferrosos, película de plástico, caixas Lohman, resíduos de equipamento eletrónico, etc.) - 2378,8 toneladas - 1,9%

Total de resíduos na produção de 126.589,502 toneladas

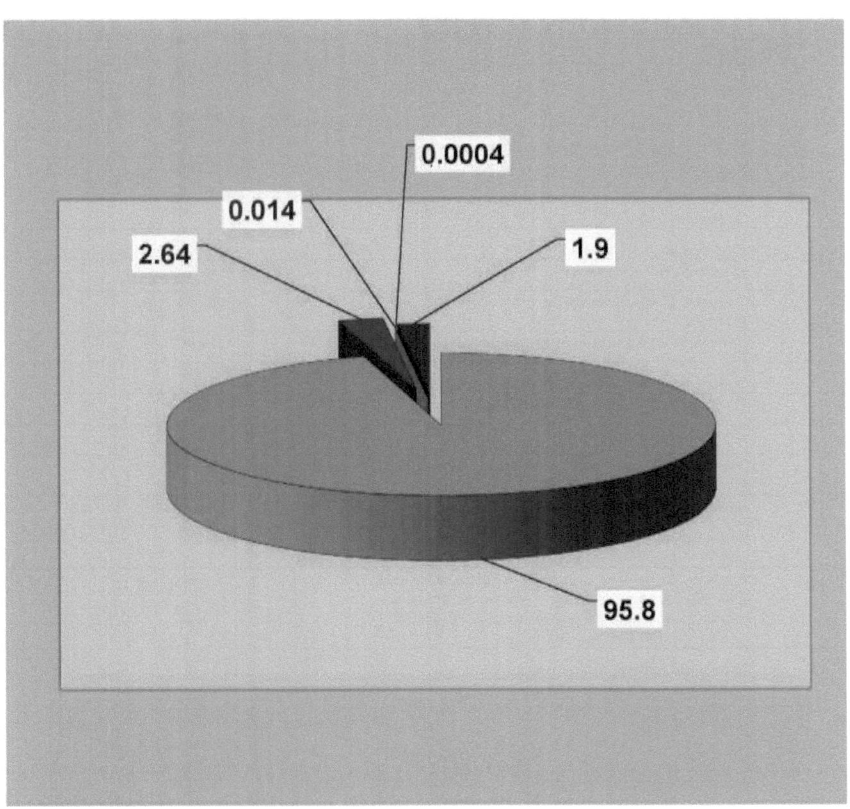

IV .3.1.Distribuição dos resíduos em função do tipo de tratamento Para o ano de 2014

Tabela IV.3.1.Dinâmica dos resíduos em 2014
PJSC "Obolon "

№	Lista de resíduos	Código dos resíduos	Produção de resíduos por ano, toneladas	classe de perigo
	Restos de grãos provenientes da limpeza de grãos	1561.2.9.04	2494,850	4
	granular a cerveja	1590.2.9.16	629,540	4
	Lavagem de resíduos, limpeza e dispersão mecânica de matérias-primas	1590.2.6.01	1472,600	4
	Resíduos de papel e cartão	7710.3.1.01	482,618	4
	garrafa de vidro partida	2613.2.9.02	1369,960	4
	Etiquetas (rótulos) de cartão e papel de qualidade inferior e	2112.3.1.26	350,000	4
	Polietileno de baixa pressão abaixo do padrão	2416.3.1.02	196,690	3
	polietileno de baixa densidade (alta pressão)	2416.3.1.01	163,810	3
	Recipientes de plástico utilizados pequenos	7710.3.1.04	63,226	3
	Recortar outro filme	2210.2.9.04	0,000	3
	Materiais plásticos para embalagem danificados, usados ou contaminados	7730.3.1.02	41,459	3
	Aparar tecidos de outras fibras	1740.2.1.08	0,000	4
	Autocarro, estragado antes da operação, resíduos, contaminado ou danificado durante a operação	6000.2.9.03	4,980	3
	Produtos de madeira estragados, contaminados ou não idetifikovani, resíduos e aparas de madeira, incluindo em tábuas ou parquet de madeira, que não podem ser utilizados para outros fins	4510.1.3.06	23,460	4
	Metais não ferrosos outros pequenos	7710.3.1.09	9,443	4
	Metais ferrosos outros pequenos	7710.3.1.08	122,688	4
№	Lista de resíduos	Código dos resíduos	Produção de resíduos por ano, toneladas	classe de perigo
	Resíduos mistos da construção e demolição de edifícios e estruturas	4510.2.9.09	1094,000	4
	Resíduos dos serviços públicos (cidade) misturados, incluindo os detritos das caixas	7720.3.1.01	271,550	4
	Resíduos gerados no processo de limpeza das ruas, áreas comuns, outros	7720.3.1.03	150,000	4
	Pilhas e acumuladores outros corruptos ou resíduos	6000.2.9.08	0,940	3
	Toalhetes para materiais danificados, usados ou contaminados	7730.3.1.06	0,210	3
	Lâmpadas fluorescentes e resíduos contendo mercúrio, deteriorados ou outros resíduos	7710.3.1.26	0,871	1
	Óleo de motor e lubrificantes, transmissão, escape	6000.2.8.10	2,844	3
	Materiais auxiliares estragados ou desperdícios	8530.2.9.05	0,300	3
	Aparar tecidos de outras fibras	1740.2.1.08	4,770	4
	Eliminação de resíduos e (ou) tratamento de águas residuais	9010.2.3.01	0,320	3
	Óleos e gorduras alimentares usados ou danificados	7710.3.1.12	0,000	3
	Equipamento eletrónico de uso geral estragado, usado ou não reparável	7740.3.1.04	0,000	3
Total: 8951,129 toneladas				

MELHORES PRÁTICAS DE GESTÃO

V .1 Introdução

As Melhores Práticas de Gestão (BMPs) enfatizam o controlo na fonte de todos os resíduos gerados numa instalação através de ajustes relativamente baratos ao processo e/ou procedimentos operacionais. Consequentemente, podem ser vistas como representando uma abordagem multimédia para a prevenção da poluição (EEC, 1995). Embora possam ocorrer reduções substanciais na criação de poluição através de simples modificações na operação ou de melhorias nas práticas de gestão, deve salientar-se que, para assegurar a eficácia e eficiência de uma determinada BMP, a ação numa área tem de ser coordenada com a de outras (UNEP, 1995).

Para as cervejarias, as BMPs podem ser esperadas para incluir iniciativas em operações de produção e gestão. O objetivo desta secção é fornecer às cervejeiras informações para a identificação de potenciais opções de prevenção da poluição para as suas instalações. Como tal, o foco principal desta secção é descrever algumas potenciais BMPs que podem ser utilizadas pela instalação para reduzir o consumo de recursos, aumentar a recuperação de recursos e subprodutos, melhorar as técnicas de gestão de resíduos e modificar as estratégias de gestão operacional existentes.

V .2 Consumo de recursos

Tradicionalmente, as medidas de proteção ambiental têm-se centrado no controlo e na redução das emissões; no entanto, tal como em muitas outras indústrias, a utilização ineficiente dos factores de produção (água, energia e matérias-primas) numa fábrica de cerveja pode ter impactos ambientais. Por conseguinte, a prevenção e/ou minimização dos potenciais impactos ambientais adversos resultantes das operações industriais deve incluir não só uma melhor gestão e controlo das emissões e descargas, mas também uma redução do consumo de factores de produção como a água, as matérias-primas e a energia.

V .2.1. Utilização da água

A redução da quantidade de água consumida numa fábrica de cerveja terá vários benefícios ambientais e económicos, incluindo a conservação dos recursos hídricos e, consequentemente, menores volumes de descarga de águas residuais. Isto permite potencialmente um equipamento de tratamento de águas residuais menos dispendioso (RCL, 1995).

A conservação da água não deve comprometer as considerações sanitárias ou de segurança das instalações e só deve ser utilizada em conjunto com iniciativas destinadas a reduzir as cargas poluentes no efluente, tais como a recuperação de recursos e subprodutos e a redução das cargas residuais (BPCE, 1986; NCI, 1995).

V.2.1.1 Produção

Existem várias modificações na produção que podem ser empregues para reduzir o consumo de água numa fábrica de cerveja (BPCE, 1986; SRKCE, 1993), incluindo

Instalação, monitorização e controlo de contadores de água em várias secções da operação; interromper o fluxo de água durante as pausas, com exceção da água utilizada para a limpeza;

Moagem a seco da cevada maltada nas fábricas de cerveja;

Minimização da transferência dos últimos resíduos;

Melhoria da eficiência da produção, especialmente nas linhas de embalagem;

Instalação de bocais de baixo caudal ou de pulverizadores de equipamento;

Reduções da pressão da água nos bicos de pulverização do equipamento;

Instalação de válvulas de controlo do fluxo e de uma válvula automática para interromper o abastecimento de água em caso de paragem da produção; e,

Substituição de equipamento antigo (por exemplo, o consumo de água das novas máquinas de lavar garrafas é de aproximadamente 0,5 hl/hl de volume de garrafa, em comparação com 3-4 hl/hl de uma máquina antiga).

V.2.1.2 Limpeza

Deve também prestar-se muita atenção ao consumo de água durante os procedimentos de limpeza (BPCE, 1986; SRKCE, 1993):

Utilizar um sistema fechado para as operações de limpeza;

Utilizar uma vassoura ou escova dura para remover os sólidos aderentes antes da lavagem, de modo a reduzir a carga poluente do efluente;

Utilizar máquinas de lavar de baixo volume/alta pressão, ou utilizar equipamento para misturar jactos de água e uma corrente de ar comprimido, o que reduzirá o consumo de água em 50% - 75% em comparação com um sistema de baixa pressão;

Sempre que possível, deve ser utilizado ar comprimido em vez de água; e,

As mangueiras devem estar equipadas com bocais de fecho para evitar o desperdício quando não estão a ser utilizadas.

V.2.1.3 Manutenção preventiva

Podem também perder-se quantidades substanciais de água devido à falta de manutenção adequada. Por conseguinte, a manutenção preventiva é essencial se

O consumo de água numa fábrica de cerveja deve ser mantido baixo. A implementação de um plano de manutenção preventiva permite que a instalação funcione de forma mais eficiente, melhorando assim a sua produtividade.

V.2.2 Matérias-primas

Uma redução no consumo de matérias-primas utilizadas (por unidade de produto) não só poupará dinheiro à empresa em custos de aquisição reduzidos, como também reduzirá a quantidade e o custo (tanto financeiro como ambiental) da produção de resíduos, diminuirá a carga poluente dos efluentes e reduzirá a pressão sobre os recursos naturais. Deverá ser implementado o seguinte:

Melhorar o rendimento da sala de brassagem através de alterações no processo, ajustes na moagem, renovação da cuba de lauterização e/ou instalação de processos alternativos, como um novo filtro de mosto.

Reduzir o consumo de recursos e a carga poluente dos resíduos, evitando que o Kieselguhr entre nos esgotos. Isto pode ser conseguido através da utilização de filtros de decantação por gravidade ou de filtros de placa e estrutura (BPCE, 1986), e reduzindo o consumo de Kieselguhr através de uma melhor decantação da levedura:

Seleção de malte de melhor qualidade;

otimização dos procedimentos da sala de brassagem; utilização de estirpes de leveduras floculantes;

Instalação de equipamento de armazenamento e de transferência bem concebido; e, proporcionar períodos de armazenamento mais longos.

Reduzir o consumo de recursos através da modificação das embalagens, incluindo a substituição de garrafas de vidro por garrafas recicláveis de politereftalato de etileno (PET), a utilização de rótulos à prova de água e a redução da utilização de cola (BPCE, 1986; SEPA, 1991).

V.2.3 Energia

A redução do consumo de energia é também uma consideração importante num programa de prevenção da poluição e na diminuição do custo operacional. Enquanto as medidas de conservação de energia reduzem a quantidade de poluição criada na produção ou utilização de energia (por exemplo, CO2, NOX, SO2, cinzas, etc.), as medidas de prevenção da poluição reduzem as necessidades de energia para o manuseamento e tratamento de resíduos (SEPA, 1992).

Reduzir o consumo de energia através da aplicação de medidas destinadas à conservação da eletricidade, da energia térmica e dos combustíveis.

V.2.3.1 Eletricidade

As fábricas de cerveja podem consumir quantidades significativas de eletricidade, tanto nos processos de produção como no funcionamento das instalações. No entanto, existem vários métodos que podem ser utilizados para ajudar a conservar a eletricidade nestas instalações (USEPA, 1992; UNEP, 1995), incluindo

Aplicação de medidas de boa gestão doméstica, como desligar o equipamento e as luzes quando não estão a ser utilizados;

Utilização de lâmpadas fluorescentes e/ou lâmpadas de menor potência;

utilização de equipamento mais eficiente aquando da substituição de equipamento antigo (como motores e unidades de aquecimento);

Instalação de controladores computorizados para regular melhor a potência dos motores; instalação de temporizadores e termóstatos para controlar o aquecimento e o arrefecimento; e manutenção preventiva dos processos operacionais e das condutas, de modo a melhorar a eficiência e minimizar as perdas.

V.2.3.2 Energia térmica

A conservação da energia térmica é outra preocupação significativa para a redução dos níveis de consumo de energia nas fábricas de cerveja. A seguir são apresentadas algumas medidas que podem ser empregadas na tentativa de controlar a perda de energia térmica (USEPA, 1992):

Melhorar ou aumentar o isolamento em linhas de aquecimento ou arrefecimento, tubagens, válvulas ou flanges, sistemas de refrigeração, lavadores de garrafas e pasteurizadores. O isolamento é uma forma barata e eficaz de reduzir o consumo de energia;

Instituir a manutenção preventiva para reduzir as fugas e evitar o desvio do purgador de vapor. Por exemplo, uma válvula de vapor com fugas pode emitir cerca de 1 kg de vapor por hora, o que corresponde a cerca de 700 kg de óleo por ano, e um vedante com fugas pode perder até 3-5 kg de vapor por hora, ou 2.100-3.500 kg de óleo por ano (UNEP, 1995).

A utilização de equipamento mais eficiente, o ajuste dos queimadores para otimizar as relações ar/combustível, o isolamento das condutas de vapor e a manutenção sistemática das operações do processo para garantir a sua eficiência (USEPA, 1992; UNEP, 1995);

assegurar que o depósito de água quente tem a dimensão adequada para otimizar a produção de água quente; e, efetuar um balanço da água quente em toda a instalação para determinar quando, onde e como a água quente está a ser utilizada e identificar as áreas onde podem ser feitas reduções no consumo.

V.2.3.3 Combustível

O consumo de combustível (por exemplo, petróleo, carvão, gás natural, etc.) pode ser reduzido através de pequenos ajustes nos processos operacionais e da implementação de um programa de manutenção preventiva. A manutenção preventiva das tubagens de vapor pode representar uma oportunidade significativa para reduzir o consumo de recursos e aumentar a poupança de custos de uma instalação.

V.3 Recuperação de recursos

A recuperação de recursos centra-se principalmente na recuperação de água, matérias-primas e energia para que possam ser reutilizadas em vários processos operacionais, reduzindo assim as necessidades de novos recursos e a quantidade de material descarregado como resíduo.

V.3.1 Água

Nas fábricas de cerveja, vários processos operacionais poderiam incorporar alguma forma de recuperação e reutilização de água. Por exemplo, a utilização de água nos sistemas de limpeza pode ser minimizada através da reciclagem de algumas das águas de enxaguamento (BPCE, 1986).

Nas máquinas de lavar garrafas, a água "limpa" poderia ser utilizada nas duas últimas filas de bocais de enxaguamento, sendo depois recolhida e reciclada para utilização nos bocais de enxaguamento anteriores antes da descarga. Além disso, se instalada, uma máquina de lavar caixas poderia reutilizar a água descarregada da máquina de lavar garrafas (PNUA, 1995) . Além disso, a utilização de bocais ascendentes para lavar tanques verticais em vez de encher os tanques durante a lavagem reduz ainda mais o consumo de água (RCL, 1995).

V .3.2 Matérias-primas

Numa fábrica de cerveja, por exemplo, o trub descarregado, o mosto fraco e a cerveja residual representam cargas significativas de CBO nas águas residuais e uma perda financeira para as instalações. O trub pode ser devolvido à caldeira de brassagem ou à cuba de lauterização num esforço para recuperar o extrato, ou pode ser separado do mosto quente e devolvido aos grãos usados. Para evitar a perda de extrato, o mosto fraco pode também ser recolhido e utilizado na brassagem da próxima infusão. Finalmente, a cerveja residual (por exemplo, cerveja pingada do enchimento, etc.) pode ser recolhida e doseada diretamente na linha de filtração, se for de alta qualidade, ou adicionada ao mosto quente, ou pasteurizada e misturada nos tanques de fermentação, se estiver oxidada ou contaminada (UNEP, 1995).

Ambas as fábricas de cerveja podem também recuperar os produtos químicos de limpeza (por exemplo, cáusticos), melhorando e/ou optimizando o processo de limpeza. Para além disso, pode ser instalado um tanque de decantação de cáustica para remover impurezas e sedimentos da máquina de lavar garrafas quando não está em funcionamento. Uma vez removido o sedimento, o cáustico pode ser devolvido à máquina de lavar garrafas e reutilizado. Se o tanque for isolado, apenas será necessário o reaquecimento do cáustico após longos períodos de paragem.

Este processo, que é relativamente barato e eficaz, pode aumentar o tempo de vida do cáustico de 1-3 semanas para 3-6 meses. No entanto, há que ter cuidado ao manusear o sedimento sedimentado, que deve ser neutralizado antes da eliminação. A utilização de embalagens retornáveis ou recicláveis é outra forma de recuperação de recursos que pode ser empregue pelas fábricas de cerveja. No entanto, é de notar que esta prática pode implicar um aumento significativo da utilização de água para lavagem. Por conseguinte, os benefícios associados à redução do consumo de matérias-primas devem ser ponderados em relação ao impacto do aumento do consumo de água e da descarga de águas residuais antes de uma instalação decidir recorrer a embalagens recicladas (BPCE, 1986).

V .3.3 Energia

Existem vários métodos de recuperação de energia que podem ser considerados pelas fábricas de cerveja para reduzir o consumo de energia; no entanto, a maior parte deles são dispendiosos e só devem ser considerados depois de terem sido tomadas medidas para reduzir o consumo de energia (PNUA, 1995).

O condensado de vapor produzido durante a ebulição representa uma fonte significativa de consumo de energia e água, de odores e de emissões de Compostos Orgânicos Voláteis (COV). Por exemplo, a perda de 1 m^3 de condensado de vapor a 85 C é equivalente ao consumo de aproximadamente 8,7 kg de óleo. Por conseguinte, a recuperação do condensado de vapor pode representar uma grande poupança no consumo de energia de uma fábrica de cerveja ou de uma adega, e ajudaria a minimizar a libertação de poluentes ambientais, tais como odores e emissões de COV (UNEP, 1995).

Para recuperar e aumentar a eficiência energética, uma fábrica de cerveja pode utilizar o calor residual para produzir água quente para utilização em vários processos operacionais e de limpeza. Os sistemas de água quente de uma fábrica de cerveja devem ser concebidos de modo a que a água quente necessária para o funcionamento seja produzida a partir de calor residual e que nenhuma água quente seja descarregada como efluente. Se houver excesso de água quente, o calor recuperado também pode ser utilizado, por exemplo, para aquecer edifícios ou para secar grãos ou leveduras usados antes de serem eliminados (UNEP, 1995).

V .4 Recuperação de subprodutos

A recuperação de subprodutos é outra opção de prevenção da poluição rentável que pode proporcionar a uma instalação benefícios económicos significativos, reduzindo simultaneamente a produção de resíduos (NCI, 1995). Os subprodutos potenciais das operações das fábricas de cerveja e das adegas incluem:

grãos usados, que podem ser usados como adsorventes para remover emissões de COV ou material orgânico de efluentes, ou para produzir fertilizantes, pão e/ou ração animal (BPCE, 1986; Manning e Chiesa, 1991; Chaing et al.,1992; UNEP, 1995);

O lúpulo usado, o trub quente e outros materiais proteicos sólidos podem ser combinados com os grãos usados e vendidos como alimentos para animais.

A levedura (que pode ser recolhida dos tanques de fermentação e de armazenamento, e da linha de filtragem) pode ser vendida para consumo animal ou humano (Lange, 1993; PNUA, 1995);

Bagaço de uva e caules, que podem ser utilizados para produzir acetona, butanol e fertilizantes, e queimados em centrais de co-geração (Manning e Chiesa, 1991; Logsdon, 1992; Lange, 1993);

Ácido tartárico de águas residuais de adegas, que pode ser recuperado e utilizado como acidulante no processamento de alimentos e na indústria farmacêutica (Smagghe et al.,1991); e,

Os gases de fermentação das fábricas de cerveja e das adegas podem ser recolhidos para produzir dióxido de carbono vendável. Isto também reduziria as emissões de etanol (Passant et al., 1993).

V .5 Gestão de resíduos

A qualidade e a quantidade dos resíduos produzidos numa fábrica de cerveja variam muito devido a diferenças na conceção do processo e nas práticas de gestão utilizadas (BPCE, 1986). No entanto, existem vários métodos que podem ser utilizados para minimizar os potenciais impactos ambientais adversos. Estes métodos podem ser divididos em três categorias principais:

Redução da carga de resíduos; Redução do volume de resíduos; Tratamento e eliminação.

V .5.1 Redução da carga de resíduos

As medidas destinadas a reduzir as cargas poluentes nos efluentes das fábricas de cerveja são uma consideração importante de qualquer plano de prevenção da poluição, especialmente quando os níveis de consumo de água estão a ser reduzidos (BPCE, 1986). A redução da carga poluente dos efluentes pode ser conseguida através da segregação do fluxo de resíduos. Isto envolve duas considerações principais:

1. A separação dos poluentes da água e das águas residuais de modo a minimizar a quantidade de contaminantes dissolvidos e em suspensão; e,
2. A separação de fluxos de resíduos de alta e baixa resistência.

Para as cervejeiras e adegas, a separação de poluentes para reduzir a carga de contaminantes no efluente implica garantir que a maior quantidade possível de matéria-prima seja utilizada no produto final. Por conseguinte, a prevenção de derrames e fugas de equipamento é extremamente importante.

Uma outra consideração é a remoção eficiente e completa de material residual dos tanques e equipamentos antes da limpeza. Nas fábricas de cerveja, a redução da carga poluente dos efluentes através da separação dos contaminantes pode ser conseguida de várias formas. Por exemplo, os níveis de CBO podem ser reduzidos através da utilização de rótulos impermeáveis e de uma redução da quantidade de cola utilizada na embalagem (BPCE, 1986; SEPA, 1991). Numa fábrica de cerveja, os níveis de CBO podem ser reduzidos através do armazenamento do trub e do lúpulo usado, para que possam ser eliminados com os grãos usados, e assegurando que a cerveja residual é completamente removida dos tanques e do equipamento antes da limpeza (BPCE, 1986; UNEP, 1995). Finalmente, a moagem a seco do malte também pode reduzir significativamente a carga poluente total de uma cervejaria, minimizando a produção de licor íngreme (BPCE, 1986). Os procedimentos de limpeza numa cervejaria também são uma consideração importante na redução da carga poluente do efluente através da separação de contaminantes. Por exemplo, o uso de um sistema de limpeza controlado por computador minimiza a probabilidade de picos de descarga de ácido ou cáustico que podem acompanhar as avarias (SEPA, 1991). Além disso, os sólidos soltos devem ser varridos ou escovados das superfícies antes da limpeza, e devem ser colocadas telas nos drenos do chão para evitar que os materiais sólidos sejam arrastados para o fluxo de resíduos líquidos (SRKCE, 1993; RCL, 1995). A segregação de águas residuais de alta e baixa resistência é outro método para reduzir as cargas contaminantes e permite que os fluxos de resíduos menos contaminados sejam descarregados diretamente no esgoto após a triagem, reduzindo assim o volume de resíduos líquidos que precisam de ser tratados (Ontario MOE, 1986).

Por conseguinte, recomenda-se vivamente a segregação dos diferentes fluxos de resíduos do processo com base na potência. Por exemplo, uma fábrica de cerveja pode separar a água de arrefecimento do arrefecedor de mosto, dos fermentadores, dos compressores e dos sistemas de refrigeração e a água de pulverização final da máquina de lavar garrafas (Ontario MOE, 1986). A equalização do caudal do efluente produzido por uma fábrica de cerveja ou de uma adega através do armazenamento temporário também pode ser vantajosa para reduzir a carga poluente. Isto reduz as flutuações na força e no volume do efluente associadas a horários de produção variáveis e elimina a pressão sobre as instalações de tratamento. No entanto, o efluente não deve ser retido durante muito tempo, uma vez que pode tornar-se anaeróbio e originar problemas de odor (BPCE, 1986).

V .5.2 Redução do volume de resíduos

O fluxo de águas residuais pode ser reduzido através da recuperação de álcool utilizando adsorventes hidrofóbicos

(Lange, 1993) e através da segregação de águas residuais de baixa resistência.

A osmose inversa e/ou a ultrafiltração podem ser utilizadas para separar as águas de lavagem (vinho ou cerveja fracos contaminados com produtos químicos inorgânicos) numa solução alcoólica estéril (que pode ser reciclada) e numa solução salina inorgânica residual (contaminada com substâncias orgânicas de elevado peso molecular) (Birkbeck e Wallace, 1985; Manning e Chiesa, 1991).

VI 5.3 Tratamento e eliminação

Uma vez reduzidas as cargas poluentes e o volume de resíduos, os restantes resíduos devem ser tratados e eliminados de uma forma ambientalmente correta. Isto pode envolver o envio dos resíduos para fora do local para serem tratados numa estação municipal de tratamento de águas residuais ou o tratamento dos resíduos no local utilizando medidas de pré-tratamento, digestão aeróbica ou anaeróbica, zonas húmidas e/ou compostagem.

Política ambiental na Ucrânia

Mais de setenta anos de subordinação a uma economia planificada conduziram a uma utilização irracional dos recursos e a processos tecnológicos sustentados de elevada intensidade energética na Ucrânia. A propósito, a Ucrânia gerou praticamente um quarto do PIB da União Soviética. Atualmente, é do conhecimento geral que os problemas ambientais da Ucrânia incluem a contaminação nuclear resultante do acidente de Chernobyl, em 1986. Um décimo da área terrestre da Ucrânia foi afetada pela radiação.

Mais de setenta anos de subordinação a uma economia planificada conduziram a uma utilização irracional dos recursos e a processos tecnológicos sustentados de elevada intensidade energética na Ucrânia. A propósito, a Ucrânia gerou praticamente um quarto do PIB da União Soviética. Atualmente, é do conhecimento geral que os problemas ambientais da Ucrânia incluem a contaminação nuclear resultante do acidente de Chernobyl, em 1986. Um décimo da área terrestre da Ucrânia foi afetada pela radiação. A poluição proveniente de outras fontes constitui igualmente uma ameaça para o ambiente. A Ucrânia liberta água poluída, metais pesados, compostos orgânicos e poluentes relacionados com o petróleo. O abastecimento de água nalgumas zonas do país contém produtos químicos industriais tóxicos até 10 vezes mais do que a concentração considerada dentro dos limites de segurança. A poluição atmosférica é também um problema ambiental significativo na Ucrânia.

Quadro legislativo A política ambiental na Ucrânia decorre de várias disposições da Constituição da Ucrânia. São elas: - direito de garantir a segurança ecológica na Ucrânia, - direito dos cidadãos a um ambiente saudável e seguro, e - direito de livre acesso à informação sobre o ambiente.

A Ucrânia é igualmente signatária de uma série de convenções internacionais e sucessora legal de certas convenções assinadas pela antiga URSS. Todas elas são parte integrante da legislação. Os princípios básicos da política ambiental nacional são semelhantes aos dos países da UE e dos países da Europa Central e Oriental que se integram na Europa. Mas, nesta fase, a semelhança termina. A lei-quadro sobre a proteção do ambiente foi adoptada em 1991, antes do colapso da União Soviética. Posteriormente, foram promulgadas a lei sobre a proteção do ar (1992, nova versão datada de 2001), o código da água (1995) e a lei sobre os resíduos (1998), a fim de criar quadros regulamentares para cada uma destas instituições. Outras leis abordam a proteção do ar, os recursos minerais, a especialização ecológica, etc. O principal organismo governamental da Ucrânia no domínio do ambiente é o Ministério da Proteção do Ambiente, responsável pela proteção e administração do ambiente. As autoridades do Ministério estão repartidas por várias agências e comités. Vários outros ministérios e comités, incluindo o da proteção da saúde, o da segurança industrial e o da política industrial, têm também autoridade em certos aspectos da legislação ambiental. As autoridades locais podem também ter alguma responsabilidade na administração da legislação ambiental, dependendo da natureza do projeto em questão. Os organismos responsáveis pela aplicação da lei, como o Ministério da Administração Interna e o Gabinete do Procurador-Geral, que inclui um departamento especializado em matéria de ambiente, têm uma autoridade significativa para aplicar acções contra as violações da legislação ambiental.

As empresas, enquanto entidades jurídicas, são objeto de regulamentação na Ucrânia. Torna-se quase impossível obter informações fiáveis sobre os principais processos de produção ou utilizar mecanismos de regulamentação eficazes. A tónica é colocada nas medidas de tratamento de emissões/efluentes "em fim de linha" e não na análise do processo de produção tal como ele é e na prevenção da poluição através da melhoria das técnicas de produção. A lei prevê a emissão de licenças para a emissão de poluentes para a atmosfera, a descarga de águas residuais em massas de água e a colocação de resíduos. Essas normas identificam os níveis admissíveis de descargas de poluentes específicos pelas empresas e estabelecem um calendário de pagamentos para as descargas de poluentes dentro desses limites estabelecidos. Factores como a contaminação do solo, o ruído, o odor, a vibração, a radiação electromagnética e outros aspectos ambientais importantes não são amplamente considerados. Obviamente, o quadro regulamentar da Ucrânia requer uma reforma considerável para introduzir a prevenção e o controlo integrados da poluição e o licenciamento integrado. A reforma deve incluir tanto o ajustamento da atual legislação ambiental como a adoção de uma nova lei que abranja os elementos-chave do licenciamento integrado. Embora a prevenção seja um método mais racional do que tentar resolver os problemas depois de estes terem ocorrido, a atual política ambiental na Ucrânia não incorpora plenamente estes procedimentos. Responsabilidade pela violação da legislação ambiental ucraniana. A questão da responsabilidade por violações da legislação ambiental ucraniana e dos danos causados a terceiros em resultado da violação da legislação ambiental deve ser entendida à parte dos requisitos regulamentares relativos aos pagamentos por descargas de poluentes no ambiente.

1. A parte que causar danos a terceiros em resultado de uma violação da legislação ambiental aplicável deve indemnizar integralmente a parte lesada pelos danos reais,
2. Um diretor ou outro funcionário que actue no âmbito das suas funções oficiais não partilha a responsabilidade civil,
3. Em regra, os danos resultantes da violação da legislação ambiental devem ser indemnizados na totalidade.

O âmbito da legislação ambiental ucraniana é vasto, abrangendo a maioria dos domínios da proteção ambiental e da gestão dos recursos naturais. No entanto, a legislação ambiental ucraniana é, em grande medida, de natureza declarativa e carece de legislação subordinada adequada (regulamentos, diretrizes, estatutos, etc.).

O atual sistema de licenciamento ambiental na Ucrânia baseia-se numa abordagem média específica, com regulamentos separados relacionados com a proteção do ar e da água e com a gestão de resíduos. Todas as fontes de poluição do ar e da água são obrigadas a ter licenças válidas que estipulam os valores máximos permitidos de parâmetros específicos de emissões para o ar e descargas para a água, bem como os requisitos de monitorização. Existem também licenças separadas que especificam os limites para o armazenamento e eliminação de resíduos. O sistema de licenciamento é institucionalmente complexo: os operadores necessitam de um mínimo de sete licenças ou aprovações ambientais ou sanitárias de diferentes autoridades. Por conseguinte, o sistema é fraco do ponto de vista regulamentar. Os requisitos para as instalações estão estabelecidos em várias partes do direito primário e secundário, que raramente estão interligadas. Em casos extremos, o cumprimento de um requisito pode ser incompatível com outros requisitos, uma vez que é tecnicamente impossível cumprir ambos ao mesmo tempo. Por vezes, os mesmos requisitos são interpretados de forma diferente por diferentes autoridades. Existem muitas autoridades que emitem licenças, tais como:

-Ministério da Proteção do Ambiente

- Ministério das Situações de Emergência
- Inspeção estatal do Mar Negro e do Mar de Azov
- Inspeção Sanitária - Município, etc.

Além disso, existe também uma forte função de inspeção levada a cabo pelas autoridades governamentais que controlam a aplicação correta das leis. Importa ter em conta que não existe praticamente qualquer participação do público no processo de licenciamento. Tendo em conta o que precede, as transacções comerciais na Ucrânia para um investidor estrangeiro devem, atualmente, incluir a consideração de questões ambientais. As leis complexas podem impor responsabilidades ambientais significativas aos compradores, vendedores e credores envolvidos numa transação, quer tenham ou não causado o problema e quer ainda sejam ou não proprietários da propriedade.

Uma vez que esta pode não ser uma tarefa fácil na Ucrânia, por vezes, todos os aspectos acima referidos podem ter de ser objeto de um projeto separado de diligência devida em matéria de ambiente (EDD). A DDA é uma parte importante da maioria das fusões e aquisições. O objetivo é avaliar os potenciais custos de responsabilidade associados a questões ambientais.

CONCLUSÃO

O presente relatório de estudo examina a importância das auditorias ambientais e avalia as suas práticas actuais. O relatório destaca igualmente várias caraterísticas importantes da auditoria aos resíduos industriais, com especial referência à Obolon Joint Stock Company. A auditoria aos resíduos industriais é uma parte essencial e crítica de uma auditoria ambiental. Desempenha um papel importante na obtenção da certificação ISO 14000 para as indústrias. A auditoria ambiental é também um aspeto importante da avaliação do impacto ambiental (AIA) de vários tipos de empresas. Nos últimos anos, a auditoria dos resíduos industriais tornou-se mais importante nos países em desenvolvimento, onde se regista uma industrialização em grande escala. Os principais problemas ambientais da Obolon Joint Stock Company incluem o elevado consumo de água e a descarga de águas residuais. As águas residuais da indústria cervejeira contêm elevados níveis de CBO, CQO e SS. As águas residuais são descarregadas no ambiente sem qualquer tratamento ou apenas após tratamento primário. Mesmo após o tratamento primário, os poluentes do efluente são muito mais elevados do que os permitidos pelas normas nacionais. Estão a ser propostas medidas de mitigação para minimizar o consumo de água, reduzindo assim a quantidade de águas residuais. Está a ser dada importância à sensibilização dos trabalhadores, à adoção de processos de produção mais limpos e à disponibilização de melhores sistemas de tratamento de águas residuais. identificação de novas opções de prevenção da poluição e de potenciais poupanças de custos; confirmação do empenho dos trabalhadores nas políticas e responsabilidades ambientais; melhoria das relações com as entidades reguladoras; e, permitir que a gestão dê e receba crédito pelo bom desempenho ambiental, resultando numa melhoria da imagem da empresa, da moral, da produtividade e do empenho na prevenção da poluição.

REFERÊNCIAS

1. BCMOE (Ministério do Ambiente, Terras e Parques da Colúmbia Britânica), 1995, The British Columbia Pollution Prevention Demonstration Project - Memorandum of Understanding, Ministério do Ambiente, Terras e Parques, Departamento de Proteção Ambiental, Victoria, B.C., pp6.

2. BCMOE (Ministério do Ambiente, Terras e Parques da Colúmbia Britânica), 1996a, An Introduction to Pollution Prevention Planning for Major Industrial Operations in British Columbia, Ministério do Ambiente, Terras e Parques, Departamento de Proteção Ambiental, Victoria, B.C., pp11.

3. Birkbeck, A. E., e B. Wallace, maio, 1985, Characterization of Wastewater from Mission Hill Winery, B.C. Research, Vancouver, B.C., pp26.

4. BPCE (Binnie & Partners Consulting Engineers), dezembro de 1986, Water and Waste-Water Management in the Malt Brewing Industry, Preparado para: Comissão de Investigação da Água, Projeto n.º 145, TT 29/87, Pretória, República da África do Sul, pp17.

5. Chiang, P., Chang, and J. You, 1992, Innovative Technology for Controlling VOC Emissions, Journal of Hazardous Materials, Elsevier Science Publishers B.V., Amsterdam, 31:19-28.

6. Cronin, C., 1996, Anaerobic Treatment of Brewery Wastewater Using a UASB Reator Seeded with Activated Sludge, MSc. Tese, University of British Columbia, pp119.

7. de Vegt, A., T. Vereijken, e F. Dekkers, 1992, Full-Scale Anaerobic Treatment of Low Strength Brewery Wastewater at Sub-Optimal Temperatures, 47th Purdue Industrial Waste Conference Proceedings, Lewis Publications, Inc., Chelsea, Michigan, pp40-417. Chelsea, Michigan, pp409-417.

8. Dickens, P. S., 1993, Making Pollution Prevention Work, 48th Purdue Industrial Waste Conference Proceedings, Lewis Publications, Inc., Chelsea, Michigan, pp39-42. Chelsea, Michigan, pp39-42.

9. EEC (El-Rayes Environmental Corp.), 1995, Technical Pollution Prevention Guide for the Automotive Recycling Industry in British Columbia Volume II, El-Rayes Environmental Corporation, Vancouver, B.C., pp73.

10. Freeman, H. M. novembro de 1995, Pollution Prevention:
The U.S. Experience, Environmental Progress, 14(4):214-219.

11. Huang, C., e Y. Hung, 1987, Brewery Wastewater Treatment by Contact Oxidation Process, 41st Purdue University Industrial Waste Conference Proceedings, Lewis Publications, Inc., Chelsea, Michigan, pp90-98. Chelsea, Michigan, pp90-98.

12. Lange, C. R., junho, 1993, Fermentation Industry, Water Environment Research, 65(4):400-402.

13. Lenhardt, W. S., 1995, Comunicação pessoal, 17 e 18 de abril.

14. Logsdon, G., fevereiro de 1992, Pomace is a Grape Resource, BioCycle, pp40-41.

15. Manning, J. F. Jr., e S. C. Chiesa, junho de 1991, Fermentation Industry, Research Journal WPCF, 63(4):448-450.

16. Masters, G. M., 1991, Introduction to Environmental Engineering and Science, Prentice Hall, Inc. Englewood Cliffs, Nova Jersey.

17. MOWM (Minnesota Office of Waste Management), fevereiro de 1991, Minnesota Guide to Pollution Prevention Planning.

18. Nakata, B., abril de 1994, Recycling By-Products on California Vineyards, BioCycle, pp61.

19. NCI (NovaTec Consultants Inc.), agosto de 1995, Technical Guide for the Development of Pollution Prevention Plans for Fish Processing Operations in the Lower Fraser Basin. Environment Canada, DOE FRAP 1995-23, Vancouver, B.C., pp94.

20. Ontario MOE (Ministério do Ambiente), 1986, Capítulo VII: Breweries, Distilleries and Wineries, Control of Industrial Wastes in Municipalities, Ministério do Ambiente, Toronto, Ontário, pp7.1-7.15.

Printed by Books on Demand GmbH, Norderstedt / Germany